# 蟋蟀和蟑螂

周　伟◎主编

吉林科学技术出版社

# 目 录

# 蟋蟀

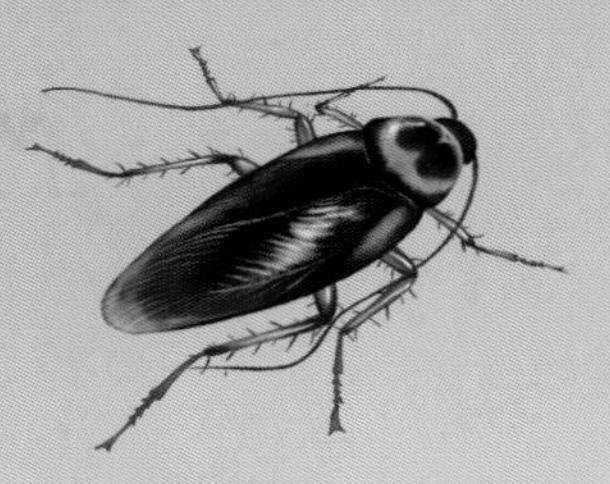

# 蟑螂

# 蟋蟀

在夏末的夜晚，我们总会听到蛐蛐儿的叫声，其实这个小东西还有个更帅气的名字—— 蟋蟀。

蟋蟀的性格比较孤僻，老是喜欢独自待着。大家一定听说过斗蟋蟀吧，两只雄蟋蟀一旦碰到一起，就会咬斗起来。蟋蟀还有一双神奇的翅膀，能够发出悦耳的声音。

除此之外，蟋蟀还有许多小秘密，让我们一起进入蟋蟀的世界吧！

# 蟋蟀之歌

我“出生”在金秋十月，不过很可惜，我注定无法看见地面金黄美丽的世界，因为我是一只蟋蟀，出生在泥土里。

眼前是一片漆黑，但是这对我和我的兄弟姐妹们完全没有影响。我们现在只是一颗颗孱弱的小卵，

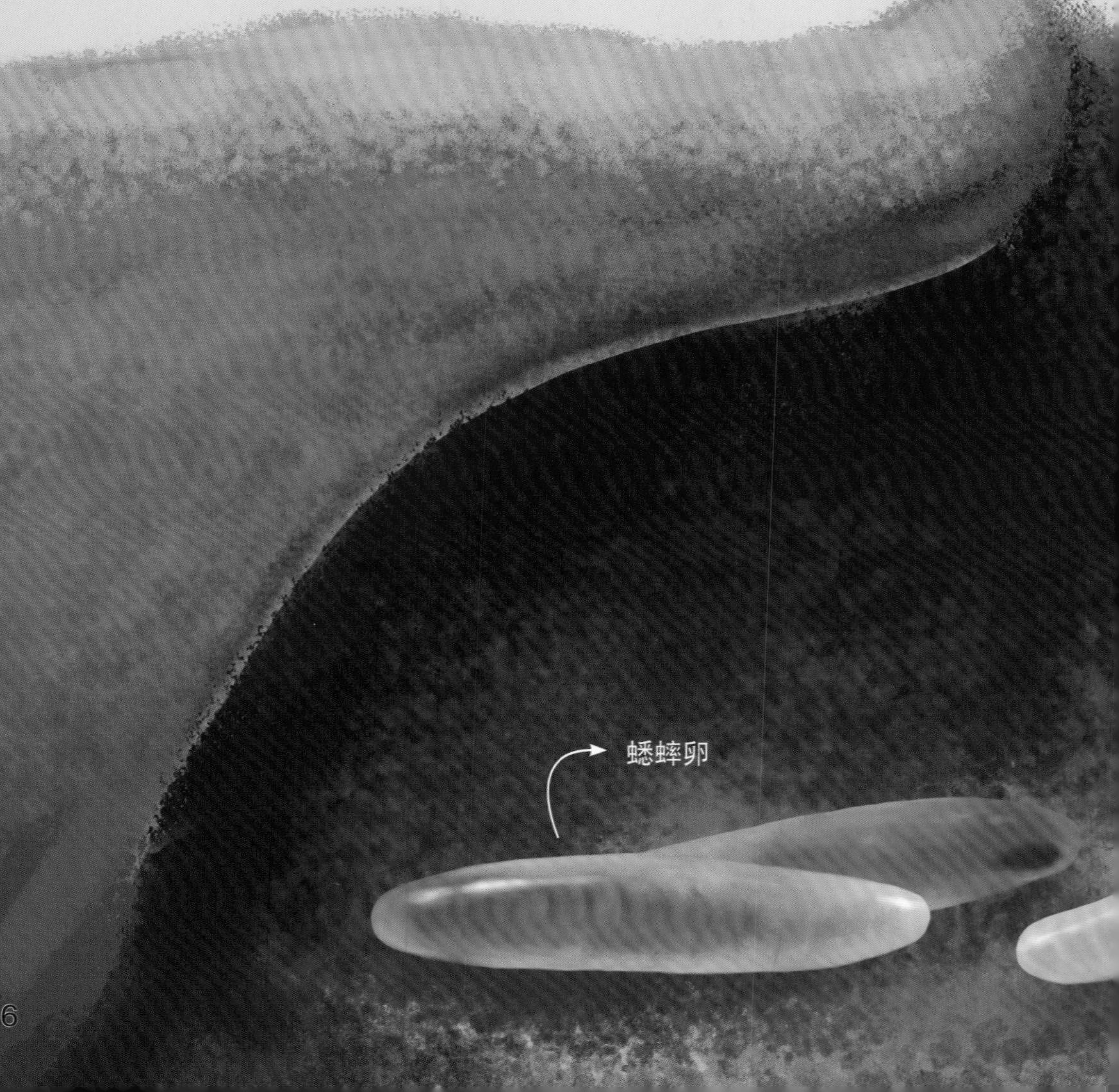

静静地躺在温暖的泥土中，等待冬去春来、破土而出的一刻。

这可真是一段漫长的过程。可是为了看到外面的世界，为了成为像爸爸妈妈一样强大的蟋蟀，再长的等待也是值得的。

刚孵化的蟋蟀若虫

春天是万物复苏的季节，在土壤里完成了生命第一次蜕变的我们，纷纷从“冬眠”中苏醒过来。虽然刚刚破壳而出的我们只有蚂蚁般大小，身体都是半透明的，但我们都很雀跃，迫不及待地奋力钻出地面。

这是一片植被茂密的农田，满眼尽是嫩绿的叶片与一根根粗壮的绿秆。听妈妈说过，这些绿秆上能长出一种香甜可口的食物，叫作玉米。当然，我现在还享用不到。不过也没关系，我不挑食，什么都爱吃。看周围的同伴们都津津有味地吃着地面上的小嫩叶，我也连忙加入其中。

# 蟋蟀蜕皮

我的身体表面有一层外骨骼，所以当身体成长到一定程度后，就必须蜕皮。现在是我成长速度最快的时期，几乎每隔几天就要蜕皮一次，并且我会趁刚蜕皮后身体柔软的时机，增长体重。

我不断长大，渐渐的，终于长成一只成年蟋蟀。

而我和同伴们的关系却在不知不觉中疏远了，这在蟋蟀的世界里是非常自然的事情。

年幼时我们相亲相爱，但成年后就不得不疏远彼此，因为我们都有各自的领地。不过，由于同伴数量过多，如果不幸狭路相逢，就免不了一场殊死搏斗。

正在蜕皮的蟋蟀

# 蟋蟀的一生

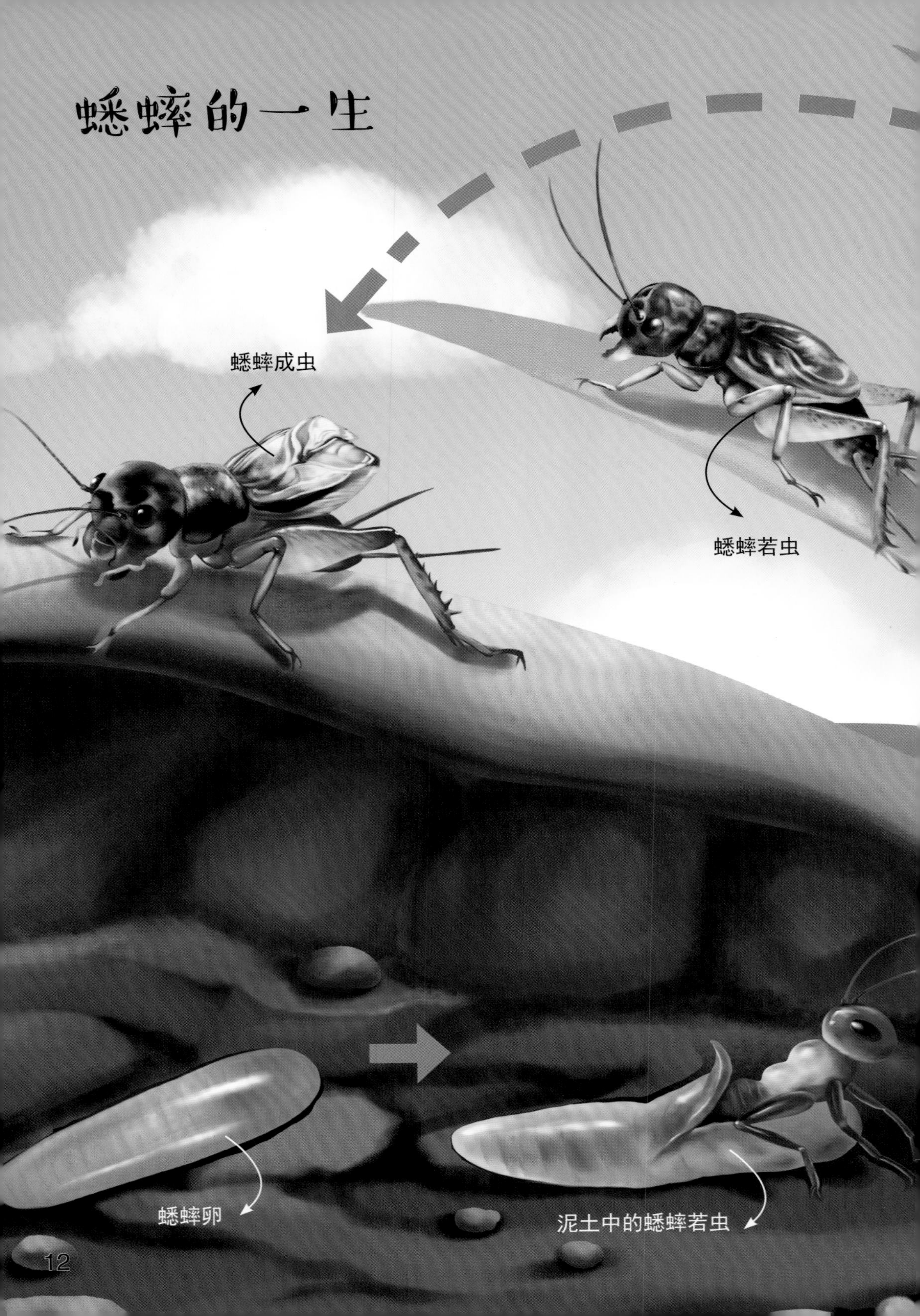

正在蜕皮的蟋蟀
刚出土的蟋蟀若虫

# 蟋蟀筑巢

现在，对我来说最重要的事情就是赶紧在领地中挖掘一个属于自己的洞穴。这是作为一只蟋蟀的头等大事，我一生中绝大部分时间都会在这个洞穴里度过，将来找到伴侣后这也将成为我们的婚房。我必须好好建造它。

首先得挑选一处通风向阳的“风水宝地”，确定位置后就可以开工了。

我先用前足扒土，然后让身体钻进去，再用带着锯齿的后腿把土推开。每天重复着这样的工作，虽然很辛苦，但是我乐此不疲。最终，我建成了一个温暖舒适的小窝。

# 蟋蟀的身体

蟋蟀背面图

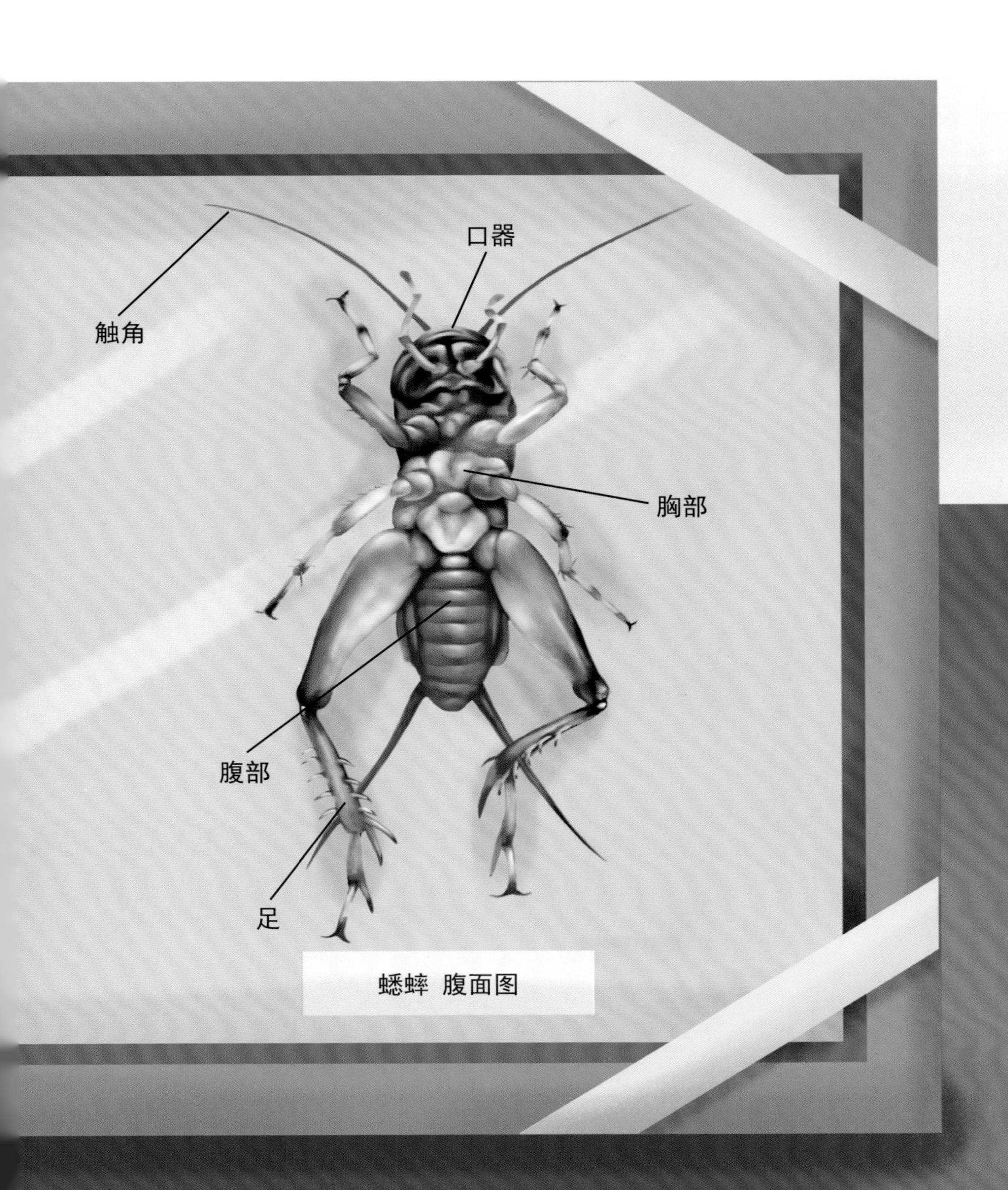

蟋蟀 腹面图

# 蟋蟀的食物

我很少在白天出门，燥热的天气对喜欢湿润的我来说实在太煎熬了，只能等夜里凉快一些再出去补充点水分。并且我们和人类不一样，我们在夜晚会更有精神，觅食的时候也能眼观六路、耳听八方！

瞧，我看到了什么？一根玉米！天啊，我太幸运了！我迫不及待地跳过去大口大口地嚼起了美味，这根玉米又嫩又甜，我还是头一回尝到这样可口的食物，看来妈妈告诉我的果然没错！

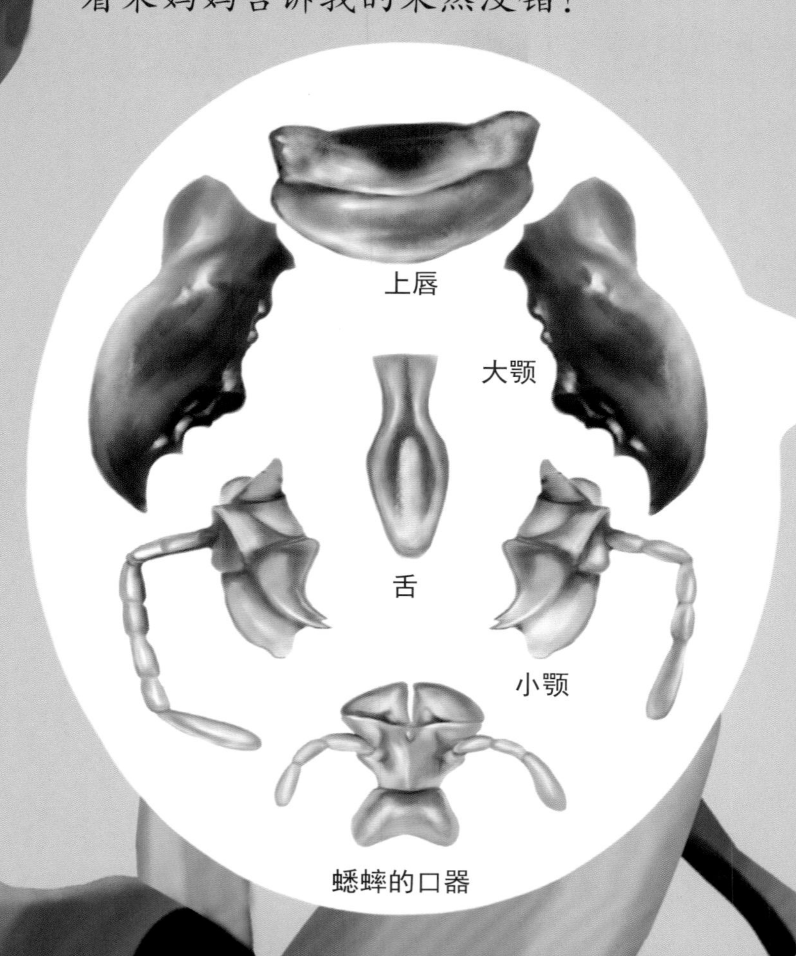

蟋蟀的口器

进食中的蟋蟀

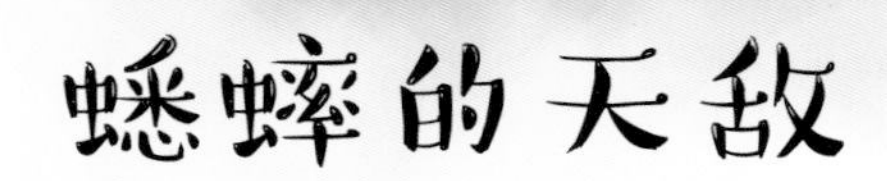

# 蟋蟀的天敌

我正吃得津津有味，浑然不觉危险的临近。突然，叶片下出现了一只螳螂，它正在后面看着我。

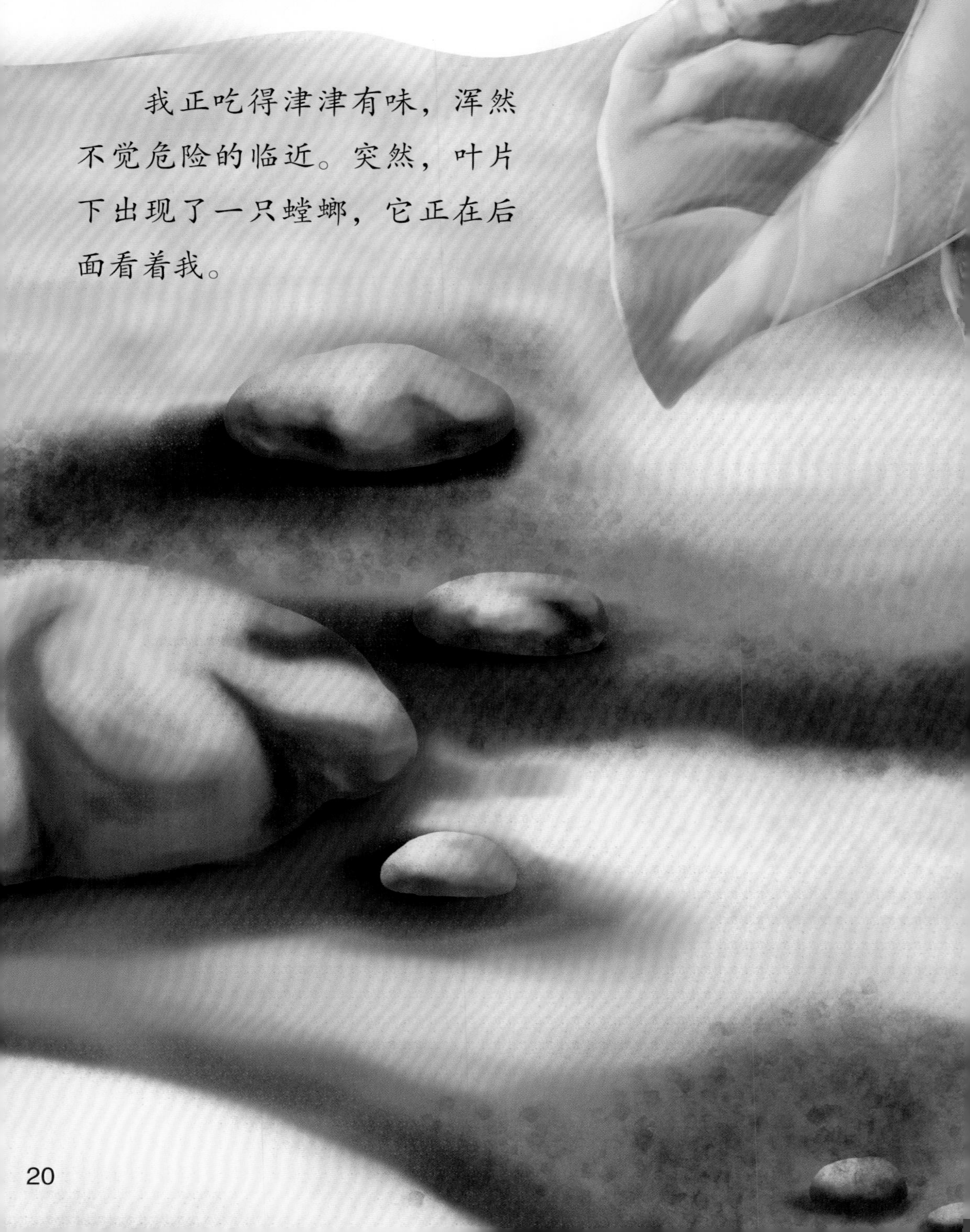

螳螂
蟋蟀

# 蟋蟀的姿态

我急忙扔下手里的食物，跳进草丛，逃跑了。

好险！螳螂离我很远了，我还惊魂未定。唯一值得欣慰的是，我吃饱了。

雄蟋蟀尾部只有两根
尾须，无产卵器
蟋蟀（雄）
蟋蟀（雌）
雌蟋蟀尾部有三根尾须，
中间最长的是产卵器

# 蟋蟀产卵

哎！我望着夜空长叹了一口气。求偶的季节来了啊！这些家伙可真有精神。我作为一只骄傲帅气的蟋蟀原本是不屑于此的。咦？我看到了什么？

前方一只美丽的雌蟋蟀正看着我，我完全不能动弹了。

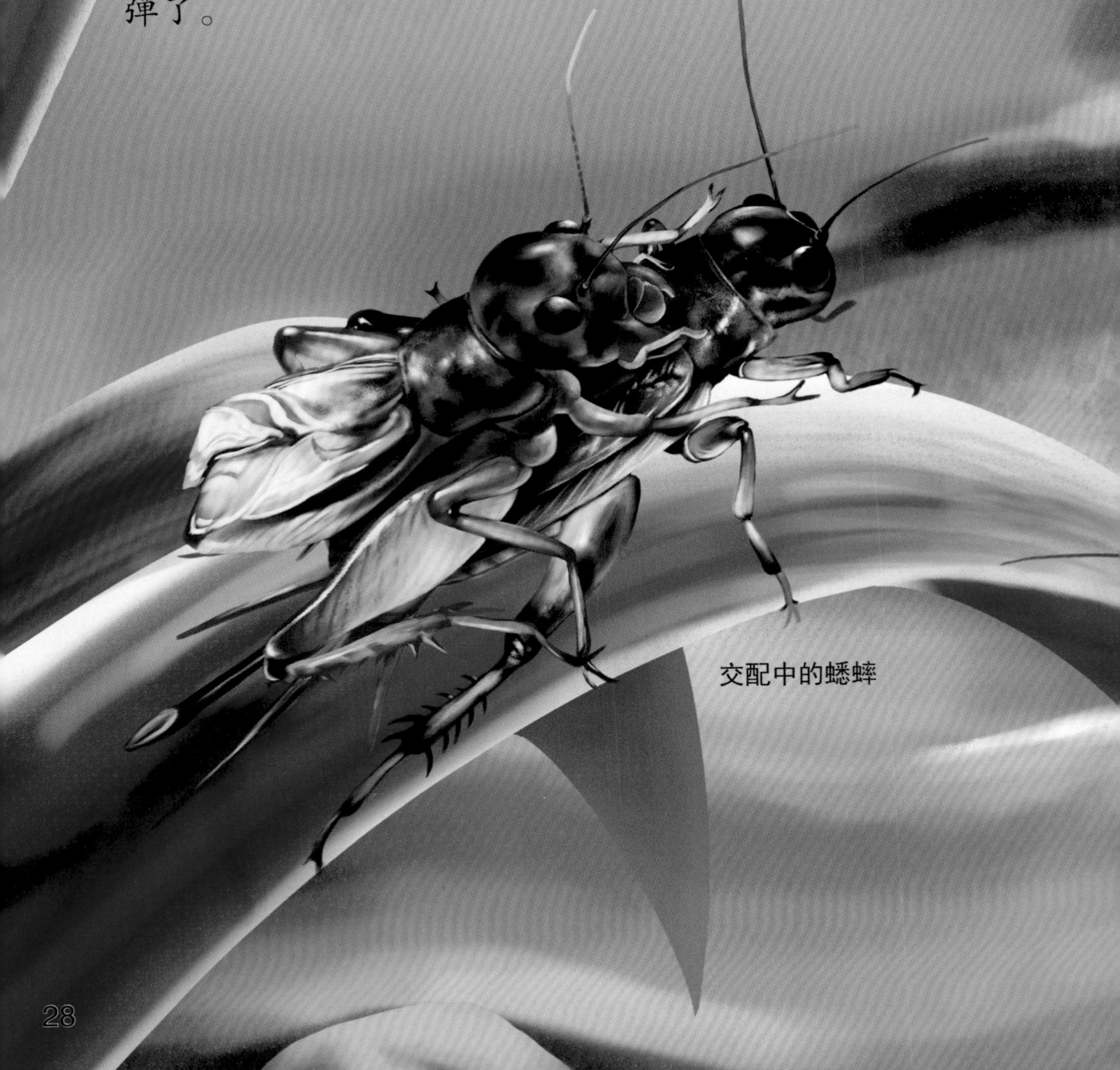

交配中的蟋蟀

“嘿，你好吗？”它居然主动开口。

我想我找到生命中的另一半了，自此之后我们过起了幸福的小日子，并且生下了我们的宝宝。

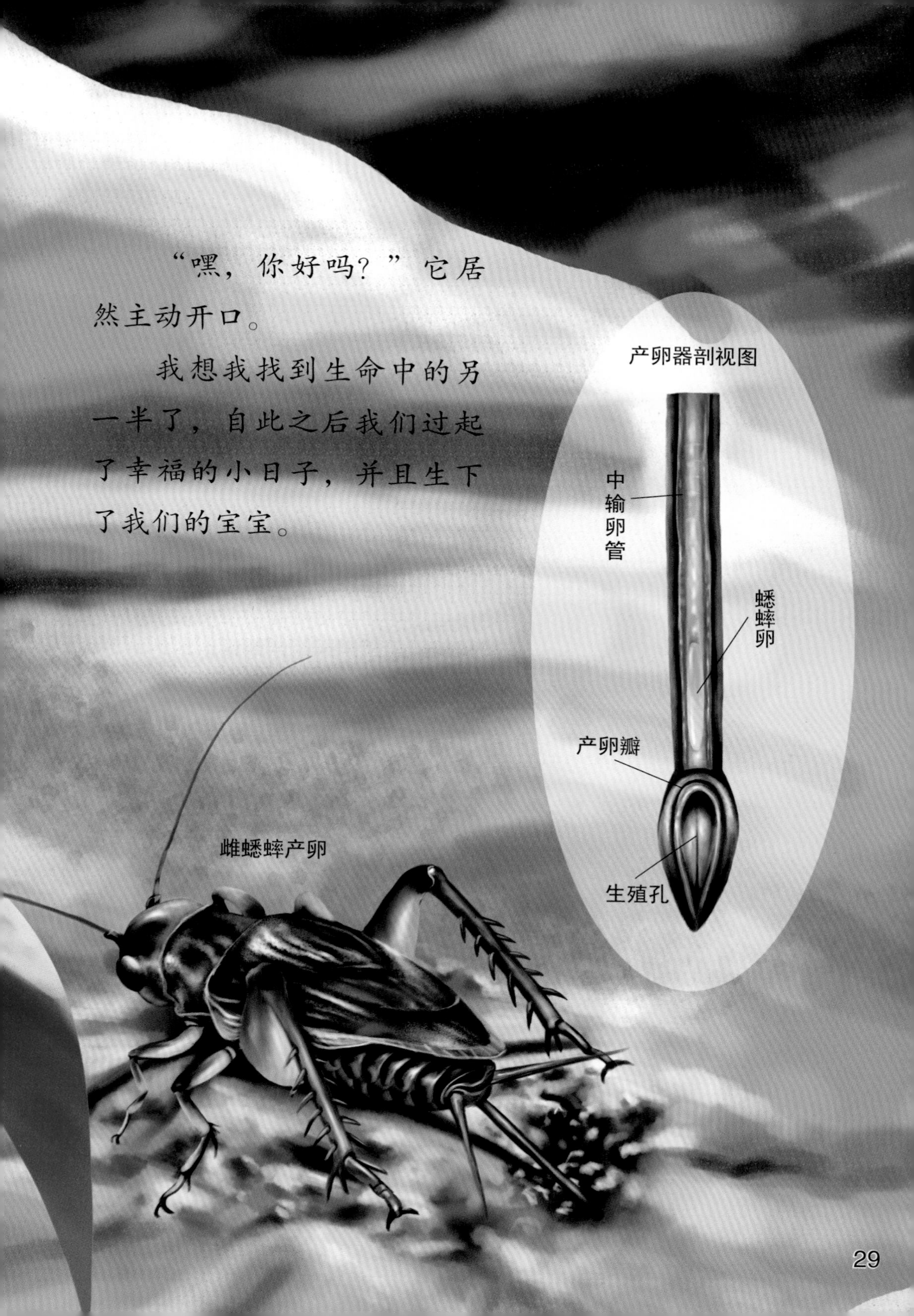

# 捕捉蟋蟀

蟋蟀跳跃能力很强，还有钻缝、筑穴、隐蔽的能力，因而想捕捉它们实在不易。人们通常利用蟋蟀向光和趋食的习性诱捕。在明亮的地方用食物引诱它们，趁其放松警惕，用玻璃瓶或小竹筐从正上方盖住就能捉到蟋蟀。

被捉住的蟋蟀

# 喂养蟋蟀

小朋友们可以用一个小陶罐养蟋蟀。将罐子放在草地上，并在罐子下沿1米外，构筑宽、深各20厘米的水槽，注入清水，防止蚂蚁等天敌的侵入，保护小龄幼虫。这样可将蟋蟀从幼虫养到成虫阶段，罐子里经常放一些大豆、花生、玉米等作物喂养它们就足够了。

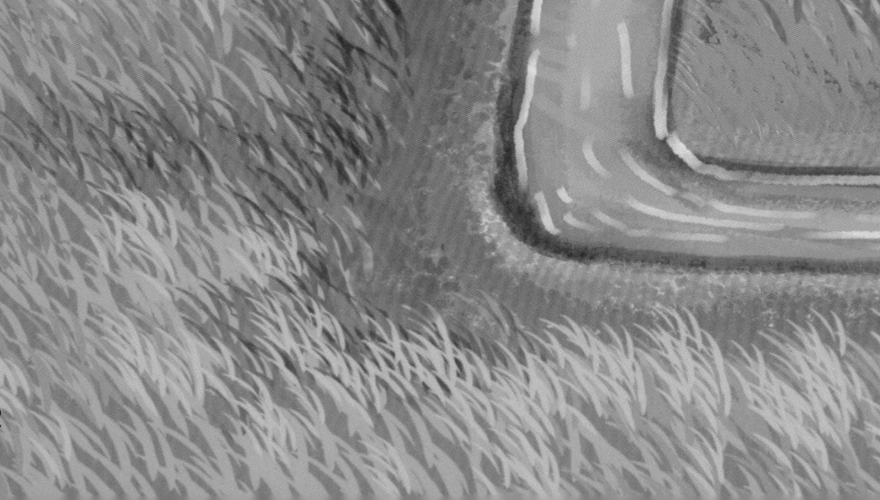

被饲养的蟋蟀

# 斗蟋蟀

斗蟋蟀，又叫“斗蛐蛐儿”，是指用蟋蟀相斗取乐的活动。两只雄蟋蟀相遇时，会先竖翅鸣叫一番，以壮声威；然后面对面，各自张开钳子似的大口对咬，拳打脚踢，几经交锋后，败者灰头土脸，逃之夭夭，胜者则昂首长鸣，趾高气扬。

中国斗蟋蟀的文化可谓历史悠久、源远流长，始于唐代，兴于宋代，至今仍有不少地方在每年秋末都会举办斗蟋蟀的比赛。

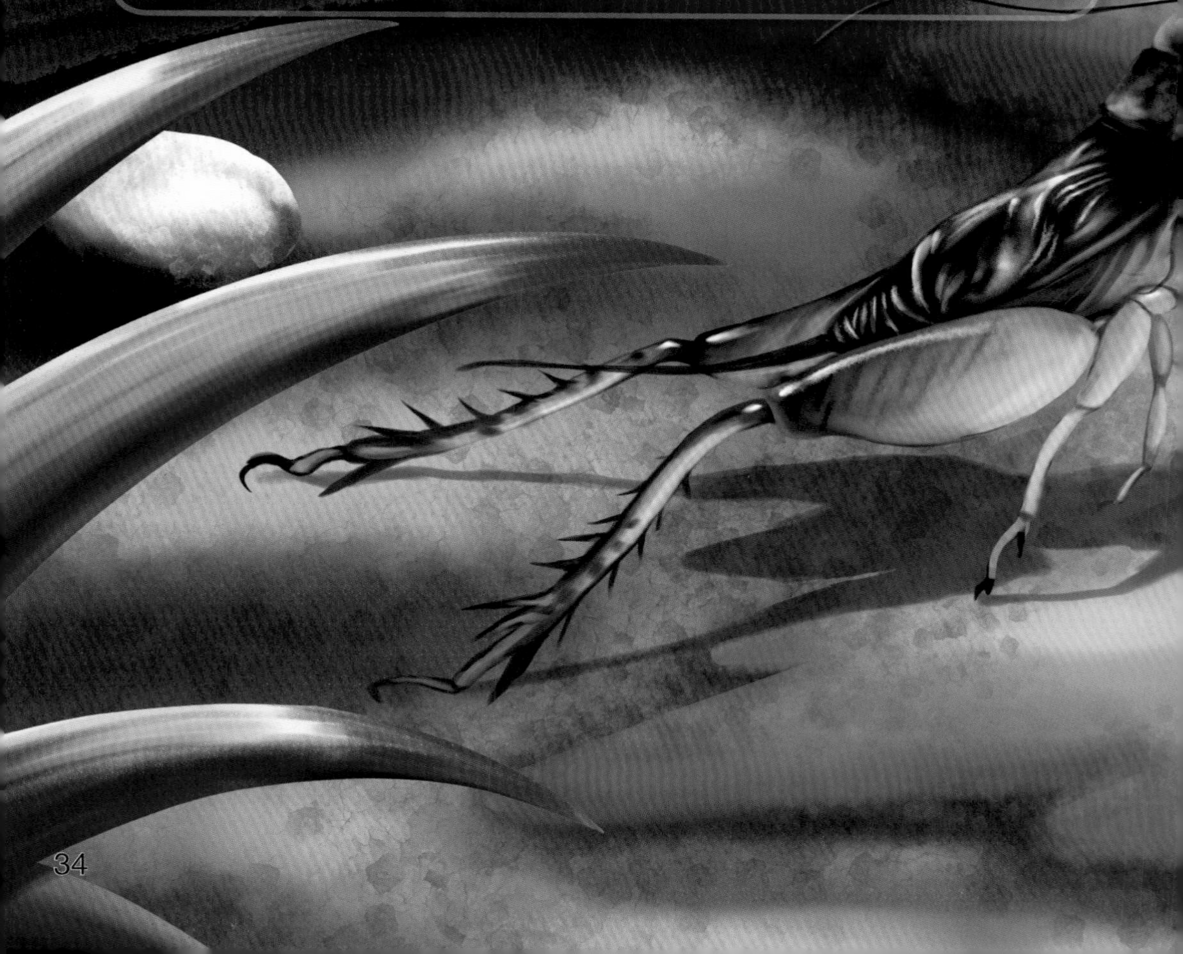

正在打斗的蟋蟀

# 蟑螂

说到蟑螂，可谓人人喊打，它们臭不可闻，它们携带细菌，它们破坏人类的生活环境……蟑螂的“罪证”简直无穷无尽。可是你知道吗？蟑螂是地球上最古老的昆虫之一，它们曾经和恐龙生活在一个时代，历经了无数次浩劫繁衍至今。

它们为何拥有如此顽强的生命力？让我们一起揭开蟑螂的秘密吧！

# 蟑螂的故事

我已经“出生”好几天了，但我依然没有完全从妈妈的肚子里爬出来，很神奇吧！因为我是一只蟑螂，而且是蟑螂中数量最多、最令人类头疼的种类，人类给我们取的名字叫“德国小蠊”。

现在，我和哥哥姐姐们待在共同的卵鞘里，跟随着妈妈四处游走，这样的生活要持续一个月左右。

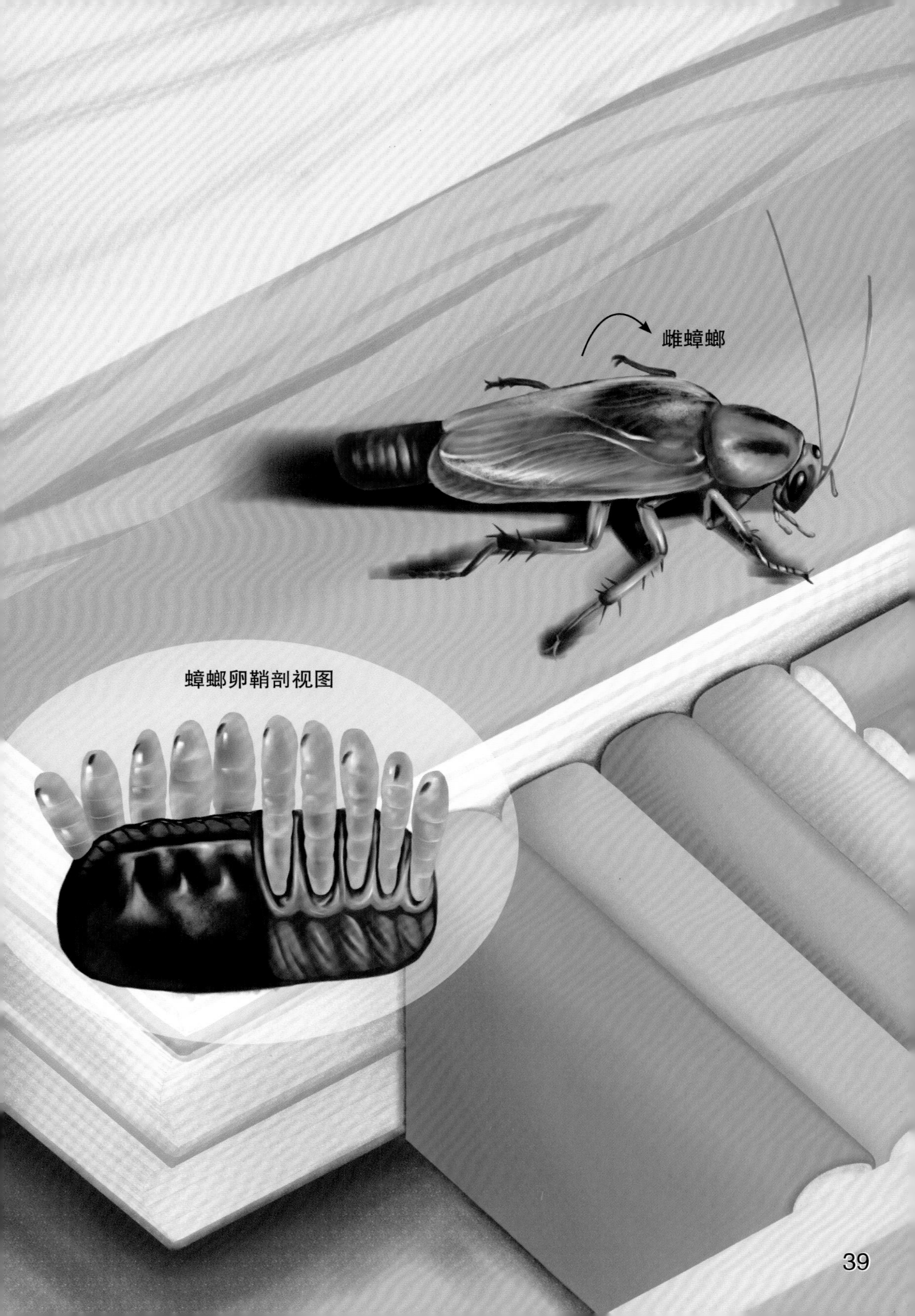
雌蟑螂
蟑螂卵鞘剖视图

# 蟑螂的幼虫

很快我们就长得足够大了，妈妈找到了一处隐蔽的地方，好让我们安全地孵化出来。经过一番折腾，我和哥哥姐姐们终于成功爬出了坚固的卵鞘，紧紧地围绕在妈妈身边，舍不得离开。但

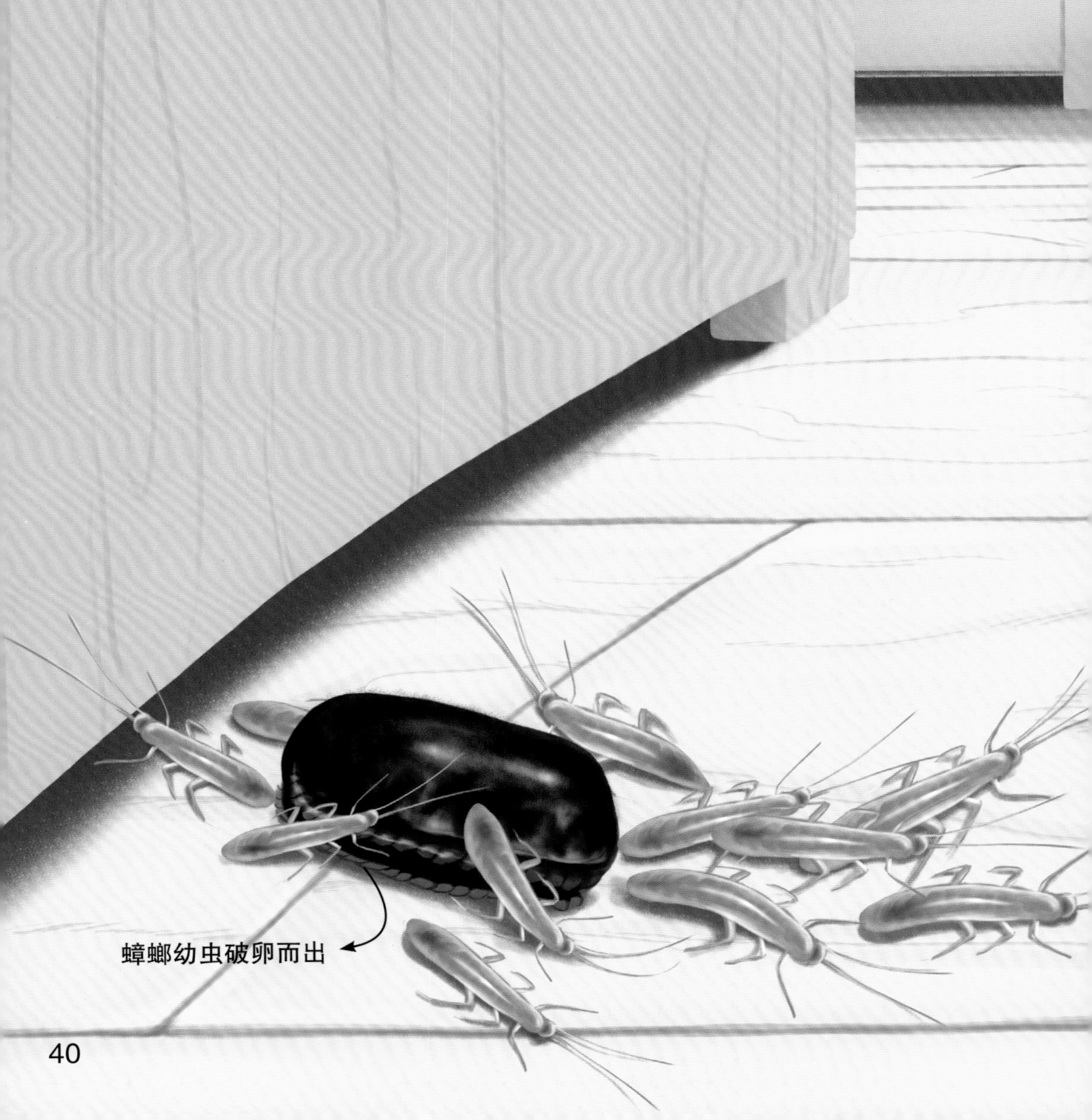

这显然不是一件好事，我们居住在人类的房子里面，数量一多，必然会引起他们的注意，在妈妈的劝说下，我们不得不四散开来。

# 蟑螂找食物

我和几个哥哥待在一起，白天我们谨慎地躲在阴暗的角落里，完全不出门，到了晚上我们才敢出来找点吃的填饱肚子。厨房的垃圾篓是我们最喜欢的地方。

这家主人不太爱干净，厨房里的垃圾经常过夜，几乎每天晚上我们都能享用丰盛的美餐。我们不挑剔，什么都爱吃，尤其是香甜、油腻的食物更是我们的最爱。

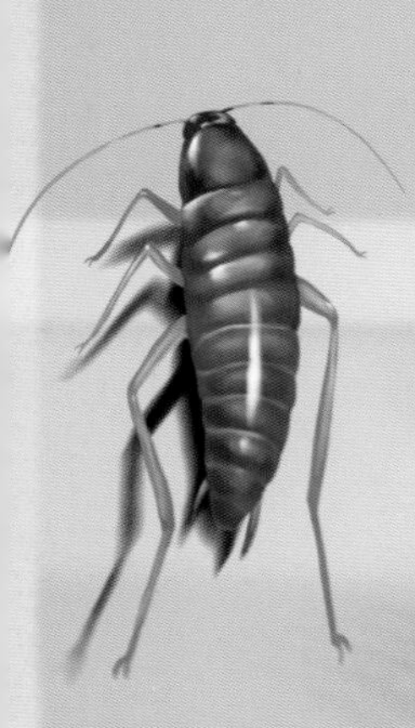

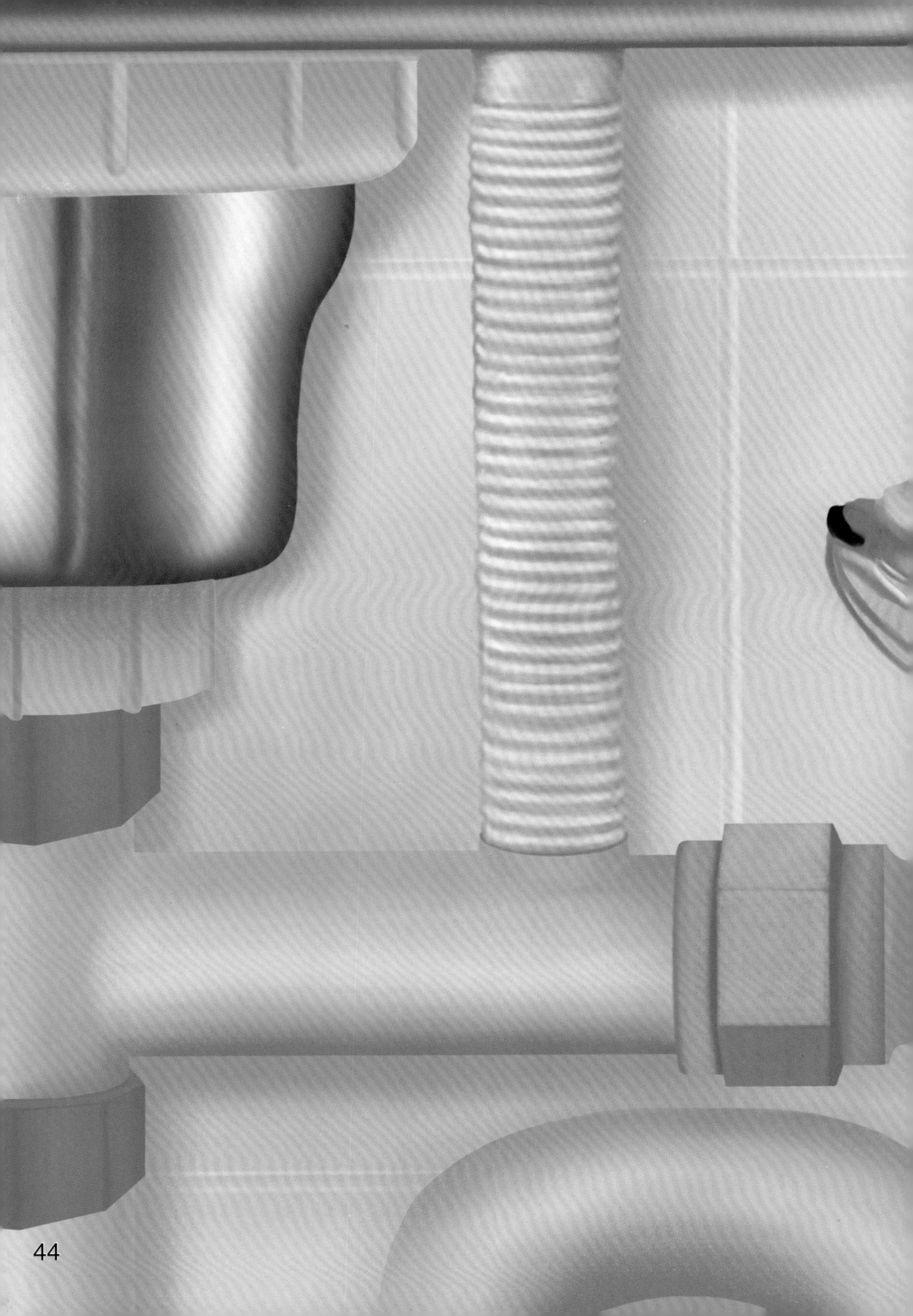

# 蟑螂蜕皮

我长得非常快，因为身体表面有外骨骼，会限制生长，所以我几乎每隔几天就要蜕皮一次，我的体形不断增大，体色也越来越深了。不知不觉我已经长成了和妈妈一样大的成年蟑螂。

成年之后我不得不更小心翼翼地生活，因为体形变大更容易被人类发现。哪怕是在夜晚，我也要随时提高警惕。

# 蟑螂的一生

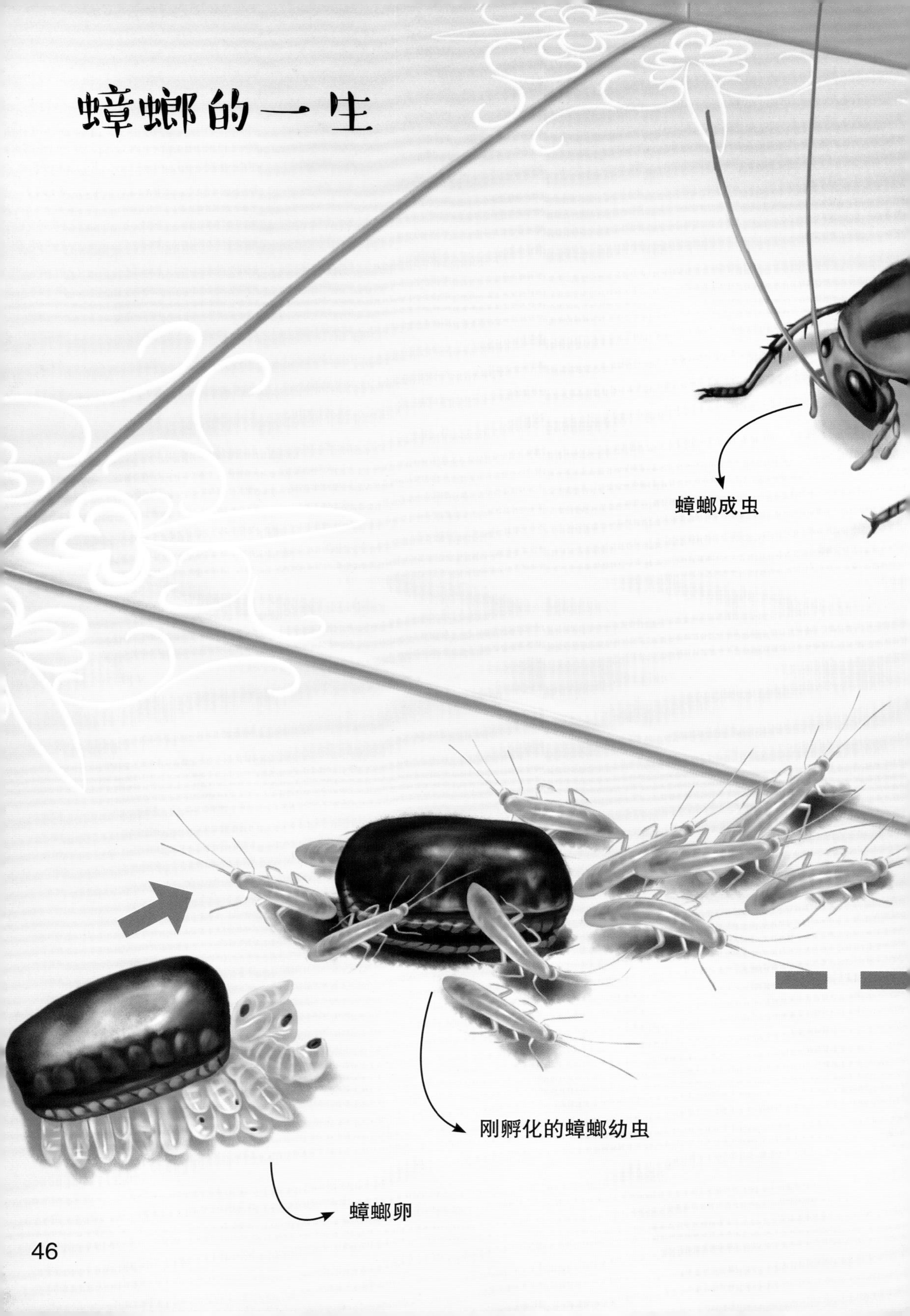

# 美洲大蠊

我正要钻进下水口，没想到突然出现了一个大家伙拦住了我。它在小小的下水口处探头探脑的，显得有些局促。

“喂！你换个地方吧，你这么大个，肯定钻不进去。”我告诉它。

它慢慢转过了身体，看了我一眼。好家伙！我这才发现它起码比我要大 4 倍！

美洲大蠊

# 蟑螂的家族

我以前听哥哥们说过，还有一种和我们一样喜欢生活在人类家里的蟑螂，叫美洲大蠊。但由于它们体形太大，又不如我们灵活，经常被人类发现，如今都很少出现了。

还有一些蟑螂生活在野外，我们也看不到，如澳洲大蠊、黑胸大蠊等。

澳洲大蠊

美洲大蠊
日本大蠊
黑胸大蠊

“你是美洲大蠊吧！跟我来，我带你去别的好地方。”我想垃圾篓那样的环境才容得下它的体形。

“哼，小东西，我凭什么要相信你？”它一脸不屑。

它显然是被下水道的油香味吸引住了，一个劲儿往里钻。我有些无奈，它无法成功，我也享用不到美味了。

美洲大蠊

德国小蠊

# 消灭蟑螂

“啪！”厨房的灯突然亮了。不好！房子的主人来了！我急忙钻回了橱柜，半路上只听见那只美洲大蠊在呼救：“我的头卡住了！救我！救救我！”

“妈妈！这里有一只大蟑螂！快过来！”主人家的小女儿大叫着。

主人直接拿着苍蝇拍猛地一下子将那只可怜的美洲大蠊拍死了。

“好恶心！好臭！”

被拍死的美洲大蠊

我透过橱柜的细缝偷偷地目睹了这一切。这样的事情不是第一次发生了，我们和人类同处一室，吃他们腐烂发霉视为垃圾的食物，但在他们眼里我们并不是勤劳的清洁者，而是肮脏卑鄙的小偷，恨不得把我们赶尽杀绝才好。

我有些无奈，但我只是一只小蟑螂，无法改变什么，只能像我的祖祖辈辈那样顽强地活下去。在地球上的几十亿年里，我们一直都在努力地生活着。

蟑螂交配

# 雌蟑螂最重要的事

作为一只雌蟑螂，我的生命中最重要的事情就是找到另一半，和它生下后代。然后像妈妈一样拖着长长的卵鞘带着我的宝宝们生活，直到它们孵化出来继续活下去。

## 雌雄分辨

蟑螂和人类一样，雌雄也各不相同，从外形上就可以轻易区分它们。雄蟑螂的体形一般比较细长、瘦小，雌蟑螂则宽大、肥厚很多。

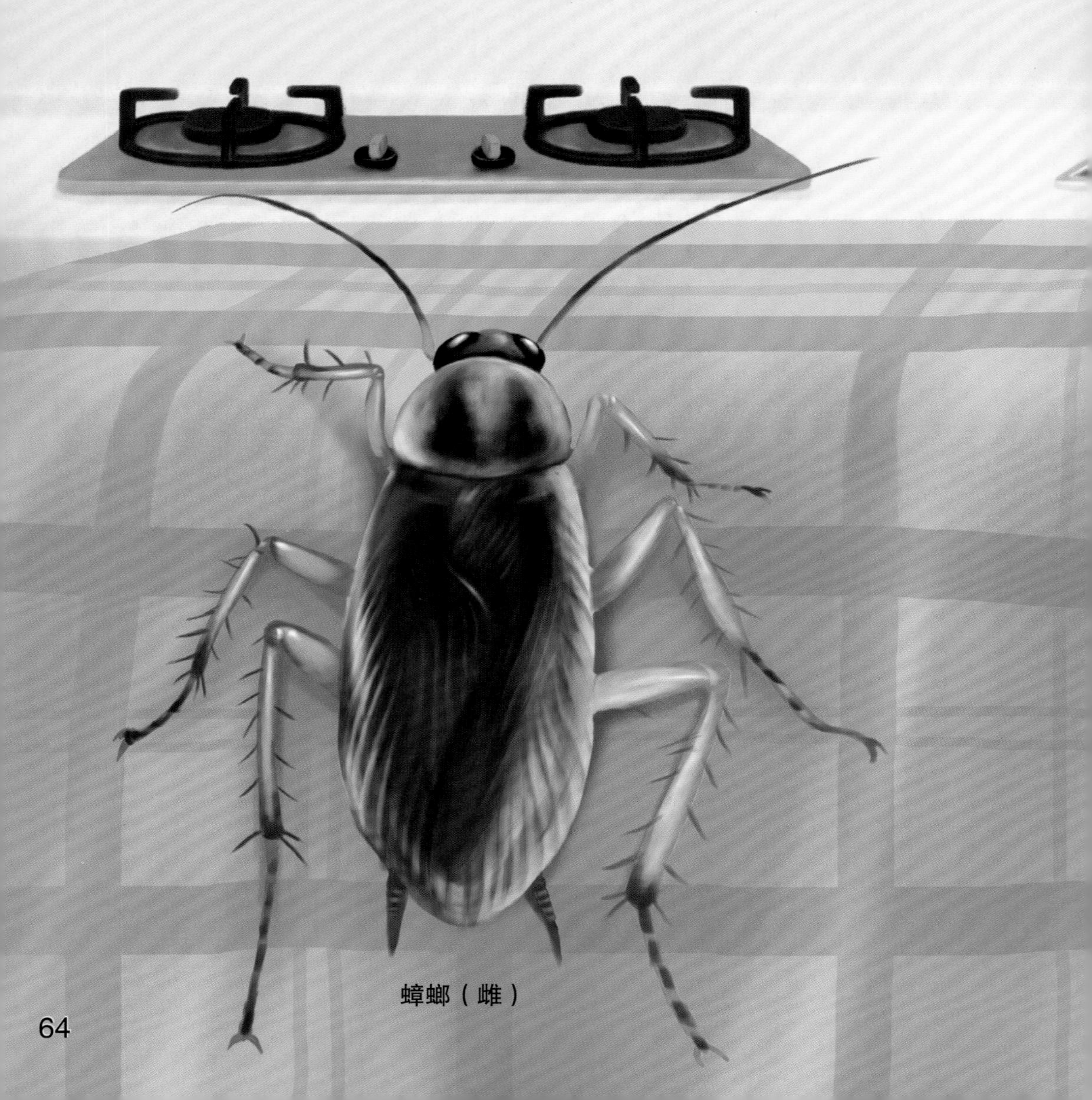

蟑螂（雌）

蟑螂（雄）

# 没有鼻子的蟑螂

鼻子对人类以及很多动物来说都非常重要，如果有人捂住了你的鼻子，你就会感到难以呼吸。蟑螂和人类不同,它竟然没有鼻子,那么它是如何呼吸的呢?

原来蟑螂有一套特殊的呼吸系统，即由气门和气管组成的气管系统。气门也就相当于它们的“鼻孔”。气门的位置在它身体的腹部，仔细观察蟑螂的腹部两侧，便能看见左右各有一排圆形小孔。这些小孔和人类的鼻孔相似，既能呼吸又能过滤其他物质。气门内还有可开闭的小瓣，能让蟑螂短暂地憋气。

蟑螂之所以拥有顽强的生命力，能高度适应各种环境，跟它们这种特殊的呼吸系统有着密不可分的关系。

蟑螂侧面透视图

读书笔记（蟋蟀）

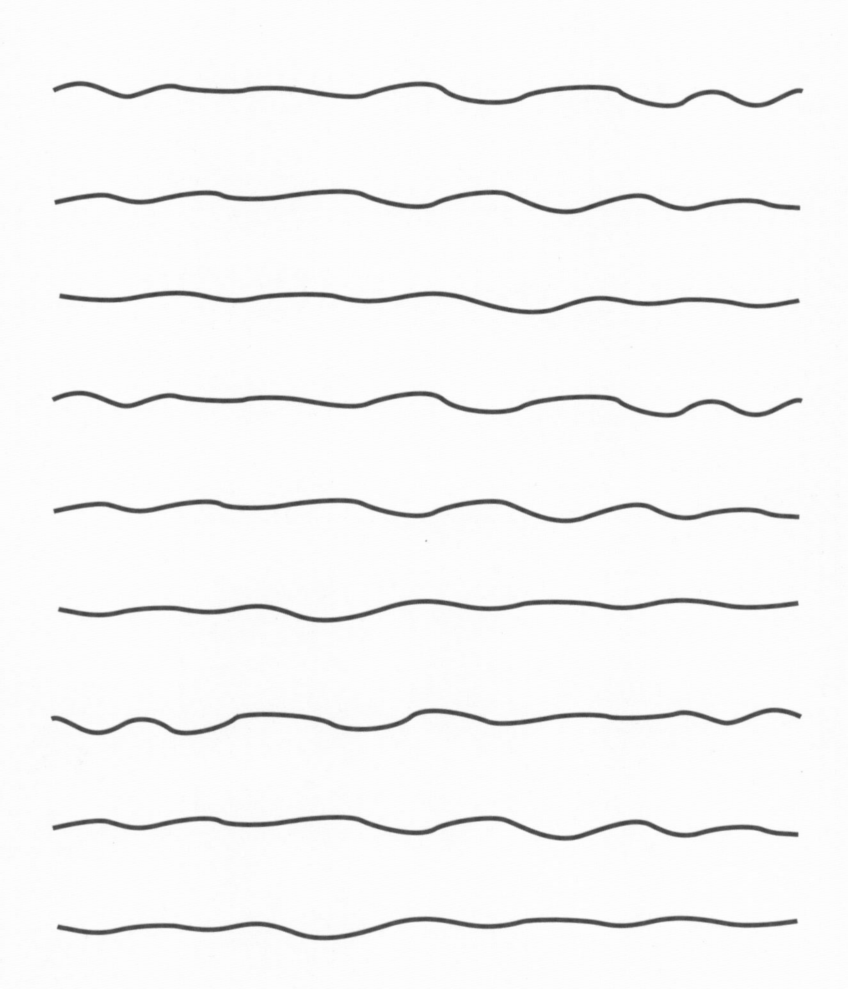

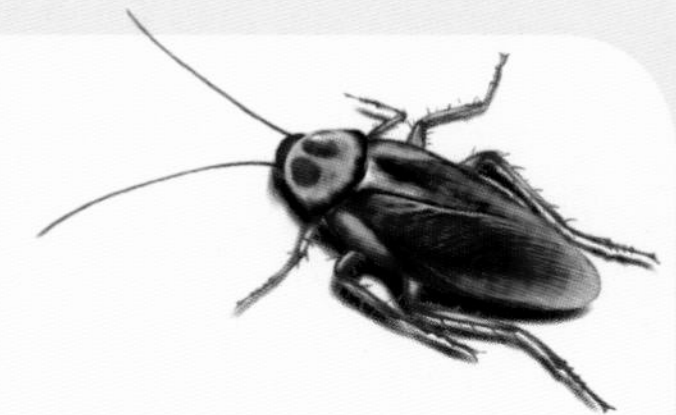

# 读书笔记（蟑螂）

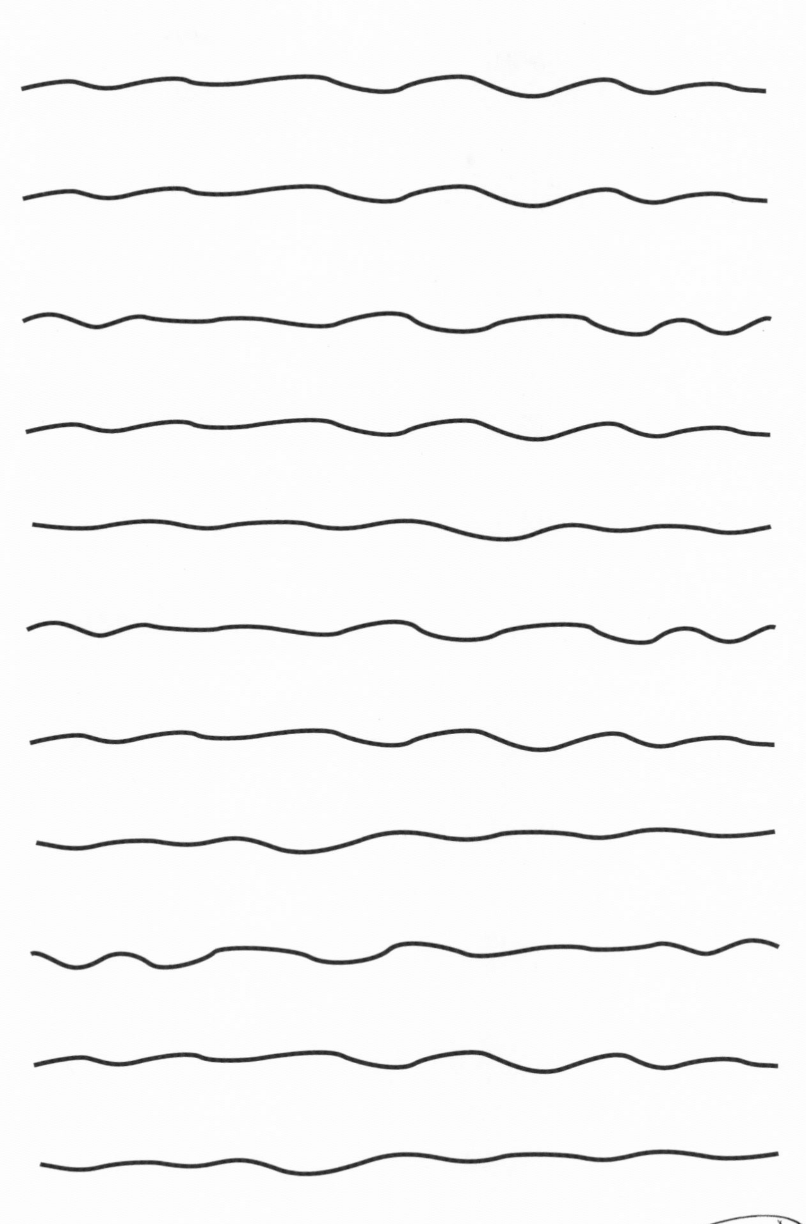

**图书在版编目（CIP）数据**

破解昆虫世界的秘密．蟋蟀和蟑螂 / 周伟主编．-- 长春：吉林科学技术出版社，2021.9

ISBN 978-7-5578-8547-2

Ⅰ．①破… Ⅱ．①周… Ⅲ．①蟋蟀－儿童读物②蜚蠊目－儿童读物 Ⅳ．① Q96-49

中国版本图书馆 CIP 数据核字 (2021) 第 159915 号

破解昆虫世界的秘密 **蟋蟀和蟑螂**

POJIE KUNCHONG SHIJIE DE MIMI XISHUAI HE ZHANGLANG

主　　编　周　伟
出 版 人　宛　霞
责任编辑　王旭辉
封面设计　长春美印图文设计有限公司
制　　版　长春美印图文设计有限公司
幅面尺寸　167 mm × 235 mm
开　　本　16
字　　数　57 千字
印　　张　4.5
印　　数　1—5000 册
版　　次　2021 年 10 月第 1 版
印　　次　2021 年 10 月第 1 次印刷

出　　版　吉林科学技术出版社
发　　行　吉林科学技术出版社
地　　址　长春市福祉大路 5788 号
邮　　编　130118
发行部电话 / 传真　0431-81629529　81629530　81629231
　　　　　　　　　81629532　81629533　81629534
储运部电话　0431-86059116
编辑部电话　0431-81629517
印　　刷　吉林省创美堂印刷有限公司
书　　号　ISBN 978-7-5578-8547-2
定　　价　24.80 元

如有印装质量问题　可寄出版社调换